Kaizen Blitz: Transformando la Eficiencia Empresarial

Metodología para Mejora de los Procesos Productivos

Reinventors Republic.

CONTENIDO.

1. Introducción a Kaizen Blitz:

- Definición de Kaizen y Kaizen Blitz.

- Orígenes y evolución de Kaizen Blitz.

- Importancia de la mejora continua en los negocios.

2. Principios Fundamentales:

- Explicación detallada de los principios básicos de Kaizen Blitz.

- Enfoque en la eficiencia y reducción de desperdicios.

- La importancia del compromiso de todo el equipo.

3. Planificación de un Kaizen Blitz:

- Identificación de áreas de mejora.

- Selección y formación del equipo.

- Establecimiento de metas y objetivos medibles.

4. Herramientas y Técnicas:

- Introducción a las herramientas específicas utilizadas en Kaizen Blitz (como 5S, diagramas de flujo, mapas de procesos, etc.).

- Cómo aplicar estas herramientas de manera efectiva.

5. Ejecución del Kaizen Blitz:

- Desarrollo de un cronograma detallado.

- Seguimiento del progreso durante el evento.

- Solución de problemas y toma de decisiones rápidas.

6. Evaluación y Medición:

- Métodos para medir el éxito del Kaizen Blitz.

- Evaluación de la eficacia de las mejoras implementadas.

7. Estudios de Caso:

- Análisis de casos reales de empresas que han implementado Kaizen Blitz con éxito.

- Lecciones aprendidas y mejores prácticas.

8. Integración Continua:

- Cómo incorporar los principios de Kaizen de manera continua en la cultura organizacional.

- Estrategias para mantener y mejorar los resultados a lo largo del tiempo.

9. Recursos Adicionales:

- Libros, artículos, videos y otros recursos recomendados.

- Herramientas y software que pueden facilitar la implementación de Kaizen Blitz.

10. Actividades Prácticas:

- Ejercicios y actividades prácticas para que los participantes apliquen los conceptos aprendidos.

11. Evaluación y Retroalimentación:

- Evaluación del desempeño de los participantes.

- Recolección de retroalimentación para mejorar futuras ediciones del curso.

1. Definición de Kaizen y Kaizen Blitz:

Kaizen:

Kaizen es un término japonés que se traduce como "cambio para mejorar" o "mejora continua". En el contexto empresarial, Kaizen se refiere a la filosofía o práctica de realizar pequeñas mejoras constantes en los procesos, productos o servicios. Su objetivo es eliminar el desperdicio, optimizar la eficiencia y fomentar una cultura donde todos los miembros de la organización contribuyan activamente a la mejora continua.

Kaizen Blitz:

Kaizen Blitz, también conocido como evento de mejora rápida, es una variante de Kaizen que se centra en realizar mejoras significativas en un corto período de tiempo. A diferencia de las iniciativas de Kaizen a largo plazo, un Kaizen Blitz se lleva a cabo en un plazo específico, generalmente de unos pocos días a una semana. Durante este tiempo, un equipo multidisciplinario se enfoca intensamente en identificar y solucionar problemas específicos, aplicando herramientas y técnicas de mejora continua.

2. Orígenes y Evolución de Kaizen Blitz:

El concepto de Kaizen tiene sus raíces en las prácticas de gestión japonesas, especialmente en el sistema Toyota de Producción. La idea fundamental es que la mejora continua es esencial para el éxito a largo plazo de una organización. A medida que estas filosofías se extendieron fuera de Japón, se adaptaron y evolucionaron, dando lugar a diversas metodologías, entre las cuales se destaca Kaizen Blitz.

Kaizen Blitz se popularizó en la década de 1950 como una respuesta a la necesidad de mejoras rápidas y significativas en los procesos de fabricación. A lo largo de los años, se ha aplicado no solo en entornos de fabricación, sino también en servicios, salud y otras industrias. La evolución de Kaizen Blitz ha sido impulsada por la necesidad de abordar problemas específicos de manera ágil y eficiente, aprovechando la colaboración y la creatividad de equipos multidisciplinarios.

3. Importancia de la Mejora Continua en los Negocios:

La mejora continua se ha convertido en un pilar fundamental en el mundo empresarial, siendo una filosofía que impulsa la innovación y el crecimiento sostenible. La importancia de la mejora continua en los negocios radica en su capacidad para optimizar procesos, aumentar la eficiencia operativa y mantener la competitividad en un entorno empresarial dinámico y en constante cambio.

Uno de los beneficios clave de la mejora continua es su capacidad para eliminar desperdicios y redundancias en los procesos. Al identificar y abordar áreas de ineficiencia, las organizaciones pueden reducir costos operativos y mejorar la rentabilidad. Esto se traduce directamente en una ventaja competitiva, ya que las empresas pueden ofrecer productos o servicios de alta calidad a precios más competitivos.

La calidad del producto o servicio es otro elemento crítico que la mejora continua aborda de manera sistemática. Al enfocarse en la optimización de procesos, se logra una producción más consistente y se reducen los errores. Esto no solo mejora la satisfacción del cliente, sino que también contribuye a la construcción de una reputación sólida en el mercado.

La adaptabilidad es una característica esencial en un entorno empresarial que evoluciona rápidamente. Las empresas que adoptan la mejora continua están mejor equipadas para adaptarse a los cambios en las preferencias del cliente, las tecnologías emergentes y las condiciones del mercado. Esta capacidad de adaptación no solo asegura la supervivencia a largo plazo, sino que también permite a las organizaciones capitalizar nuevas oportunidades de manera proactiva.

La cultura organizacional también se ve profundamente influenciada por la mejora continua. Al fomentar un ambiente en el que todos los empleados contribuyan activamente a la identificación de problemas y a la generación de soluciones, se promueve la colaboración y el compromiso. Esto no solo impulsa la eficiencia operativa, sino que también mejora la moral y la retención del talento.

En resumen, la importancia de la mejora continua en los negocios radica en su capacidad para impulsar la eficiencia, mejorar la calidad, fomentar la adaptabilidad y fortalecer la cultura organizacional. Las

empresas que adoptan esta filosofía no solo están mejor posicionadas

para enfrentar los desafíos empresariales, sino que también están

preparadas para liderar la innovación y el cambio en sus respectivas

industrias. La mejora continua no es simplemente una estrategia; es

una mentalidad que impulsa la excelencia empresarial a lo largo del

tiempo.

La mejora continua es crucial en el entorno empresarial por

varias razones:

- Eficiencia Operativa: Permite identificar y eliminar

desperdicios, reduciendo costos y optimizando procesos.

- Calidad del Producto o Servicio: La mejora continua ayuda

a mantener y elevar los estándares de calidad, lo que puede conducir a

una mayor satisfacción del cliente.

- Adaptabilidad: En un entorno empresarial en constante

cambio, la capacidad de adaptarse y mejorar continuamente es

fundamental para la supervivencia y el éxito a largo plazo.

- Cultura Organizacional: Fomenta una cultura en la que todos los empleados contribuyen activamente a la identificación de problemas y a la generación de soluciones.

- Competitividad: Las empresas que abrazan la mejora continua son más ágiles y competitivas, ya que pueden responder rápidamente a las demandas del mercado y a las cambiantes condiciones empresariales.

En resumen, la mejora continua, encapsulada en filosofías como Kaizen y metodologías como Kaizen Blitz, no solo es una estrategia empresarial, sino una mentalidad que impulsa la innovación y el crecimiento sostenible.

La planificación de un Kaizen Blitz es una fase esencial en la implementación de esta metodología de mejora continua. Este proceso ágil, diseñado para realizar mejoras rápidas y significativas en un corto período de tiempo, requiere una estrategia cuidadosa para garantizar su éxito. Aquí se abordan los elementos clave en la planificación de un Kaizen Blitz:

Identificación de Áreas de Mejora:

El punto de partida fundamental es identificar áreas específicas que requieran mejoras. Esto implica un análisis detallado de los procesos existentes, utilizando herramientas como diagramas de flujo y mapas de procesos. Además, la retroalimentación de los empleados que trabajan directamente en esos procesos ofrece perspectivas valiosas y contribuye a una comprensión completa de las oportunidades de mejora.

Selección y Formación del Equipo:

La elección de un equipo multidisciplinario es crucial. Debe incluir miembros de diferentes áreas funcionales y niveles jerárquicos para garantizar una representación completa. La formación del equipo, específicamente en los principios de Kaizen Blitz y las herramientas a utilizar, es esencial para alinear a todos con los objetivos del evento y para garantizar una contribución efectiva.

Establecimiento de Metas y Objetivos Medibles:

Las metas deben ser específicas, medibles, alcanzables, relevantes y limitadas en el tiempo (SMART). Establecer indicadores clave de rendimiento (KPIs) para evaluar el éxito y comunicar claramente estos objetivos a todo el equipo. Esto no solo proporciona una dirección clara, sino que también facilita la evaluación del progreso a lo largo del evento.

Herramientas y Técnicas:

La introducción a herramientas específicas es fundamental. Esto puede incluir el método 5S (clasificación, orden, limpieza, estandarización y disciplina), diagramas de flujo, mapas de procesos y análisis FODA. La formación en cómo aplicar estas herramientas de manera efectiva garantiza que el equipo esté equipado para abordar los problemas identificados de manera sistemática.

Ejecución del Kaizen Blitz:

El desarrollo de un cronograma detallado es esencial para maximizar la eficiencia durante el evento. Asignar responsabilidades específicas a cada miembro del equipo y programar reuniones de seguimiento regulares. Esto facilita el seguimiento del progreso, la solución rápida de problemas y la toma de decisiones ágil para adaptarse a cualquier cambio en tiempo real.

Evaluación y Medición:

Métodos para medir el éxito del Kaizen Blitz incluyen la utilización de KPIs previamente establecidos y la evaluación de la eficacia de las mejoras implementadas. Estos procesos de evaluación proporcionan datos tangibles sobre el impacto de las mejoras y orientan la dirección de futuras iniciativas.

En resumen, la planificación de un Kaizen Blitz requiere una cuidadosa consideración de las áreas de mejora, la selección y formación del equipo, el establecimiento de metas claras y medibles, el conocimiento y aplicación de herramientas específicas, una ejecución eficiente y una evaluación constante. Este enfoque metódico asegura que el Kaizen Blitz no solo sea un evento eficaz, sino que siente las bases para la mejora continua a largo plazo.

Identificación de Áreas de Mejora:

- Realizar un análisis exhaustivo de los procesos existentes para identificar oportunidades de mejora.

- Involucrar a los empleados de diferentes niveles en la identificación de problemas y sugerencias de mejora.

- Utilizar herramientas como diagramas de flujo, análisis de causa y efecto, y retroalimentación de clientes para identificar áreas críticas.

Selección y Formación del Equipo:

- Seleccionar un equipo multidisciplinario que represente todas las áreas involucradas en el proceso.

- Proporcionar capacitación específica sobre Kaizen Blitz y las herramientas que se utilizarán.

- Fomentar la colaboración y la comunicación efectiva entre los miembros del equipo.

Establecimiento de Metas y Objetivos Medibles:

•	Definir claramente los objetivos del Kaizen Blitz, asegurándose de que sean específicos, medibles, alcanzables, relevantes y limitados en el tiempo (SMART).

•	Establecer indicadores clave de rendimiento (KPI) para medir el éxito.

•	Comunicar de manera efectiva los objetivos a todo el equipo para alinear esfuerzos.

4. Herramientas y Técnicas:

Introducción a Herramientas Específicas en Kaizen Blitz:

En el marco del Kaizen Blitz, la implementación eficaz de herramientas específicas es clave para alcanzar mejoras significativas y rápidas en los procesos. Estas herramientas están diseñadas para abordar distintos aspectos de los negocios y facilitar la identificación y solución de problemas de manera sistemática. A continuación, exploraremos algunas de las herramientas fundamentales del Kaizen Blitz y cómo se aplican en situaciones del mundo real.

1. Método 5S:

El método 5S es una herramienta de organización y limpieza que se compone de cinco principios fundamentales: Clasificación, Orden, Limpieza, Estandarización y Disciplina. Este enfoque busca mejorar la eficiencia y la seguridad en el lugar de trabajo.

Ejemplo de Aplicación: En un entorno de fabricación, la

implementación del método 5S podría implicar la clasificación y

organización de herramientas y materiales, la creación de áreas

designadas para cada elemento, y la introducción de estándares para

mantener la limpieza y el orden. La disciplina se promueve mediante la

participación activa de los empleados en la gestión y mantenimiento de

estos estándares.

2. Diagramas de Flujo:

Los diagramas de flujo son representaciones visuales de los

pasos en un proceso. Ayudan a comprender la secuencia de actividades

y a identificar posibles cuellos de botella o áreas de mejora.

Ejemplo de Aplicación: En el sector de servicios, un diagrama de

flujo podría utilizarse para visualizar el proceso de atención al cliente,

desde la recepción de una solicitud hasta su resolución. Identificar

puntos críticos en este flujo permitiría optimizar la eficiencia y mejorar la

satisfacción del cliente.

3. Mapas de Procesos:

Los mapas de procesos proporcionan una visión detallada de cómo funcionan los procesos dentro de una organización. Permiten identificar áreas de redundancia y posibles mejoras.

Ejemplo de Aplicación: En el ámbito de la logística, un mapa de procesos podría detallar desde la recepción de productos hasta su distribución. Esto ayudaría a identificar ineficiencias, como retrasos en la manipulación de inventario, y sugerir mejoras para optimizar el flujo de productos.

4. Análisis FODA:

El análisis FODA (Fortalezas, Oportunidades, Debilidades y Amenazas) es una herramienta estratégica que evalúa los aspectos internos y externos de una organización. Permite identificar áreas en las que la organización puede capitalizar oportunidades o abordar desafíos.

Ejemplo de Aplicación: En el lanzamiento de un nuevo producto, un análisis FODA podría revelar fortalezas internas, como experiencia en la industria, oportunidades externas, como una demanda creciente del mercado, debilidades internas, como la falta de capacidad de producción, y amenazas externas, como la competencia agresiva. Este análisis guiaría la estrategia para maximizar las fortalezas y mitigar las debilidades.

Estas herramientas específicas del Kaizen Blitz no solo son conceptos teóricos, sino herramientas prácticas que han demostrado su eficacia en diversas industrias. Al integrarlas de manera sistemática en la planificación y ejecución de un Kaizen Blitz, las organizaciones pueden abordar con precisión áreas de mejora y lograr avances significativos en la eficiencia operativa y la calidad del producto o servicio.

Resumen de Herramientas Específicas:

- Explicar las herramientas fundamentales de Kaizen Blitz, como el método 5S (clasificación, orden, limpieza, estandarización y disciplina), diagramas de flujo, mapas de procesos, y análisis FODA.

- Mostrar ejemplos de aplicación de estas herramientas en situaciones del mundo real.

Cómo Aplicar Estas Herramientas de Manera Efectiva:

- Facilitar ejercicios prácticos para que los participantes apliquen las herramientas a situaciones específicas.

- Fomentar la creatividad y el pensamiento innovador al utilizar las herramientas.

- Enseñar la importancia de la documentación detallada para garantizar la consistencia y la replicabilidad de las mejoras.

5. Ejecución del Kaizen Blitz:

Ejecución del Kaizen Blitz: Desarrollo de un Cronograma Detallado

La ejecución de un Kaizen Blitz es una fase crucial que requiere una cuidadosa planificación y coordinación. El desarrollo de un cronograma detallado es esencial para garantizar que el evento sea eficiente y cumpla con los objetivos establecidos. Aquí se destacan los elementos clave para la creación de un plan detallado, la asignación de responsabilidades y la consideración de metodologías ágiles.

Creación de un Plan Detallado:

Definición de Objetivos y Alcance:

- Antes de comenzar con la planificación detallada, es fundamental tener claros los objetivos específicos del Kaizen Blitz y el alcance de las mejoras que se buscan implementar.

- Establecer metas cuantificables y medibles que sirvan como referentes para evaluar el éxito del evento.

Desglose de Actividades:

• Identificar todas las actividades planificadas durante el evento, desde las sesiones de capacitación hasta las sesiones prácticas de mejora.

• Desglosar estas actividades en tareas más pequeñas y manejables para una ejecución más efectiva.

Secuencia Lógica de Tareas:

• Establecer una secuencia lógica para las actividades, asegurando que cada tarea se realice en el momento más apropiado y contribuya al logro de los objetivos generales.

• Considerar la interdependencia de las tareas para evitar cuellos de botella.

Estimación de Tiempos:

• Asignar tiempos estimados a cada tarea para evitar retrasos y garantizar que el evento se desarrolle según lo programado.

• Incluir márgenes de tiempo adicionales para imprevistos y ajustes necesarios.

Asignación de Responsabilidades:

Identificación de Roles y Funciones:

• Definir claramente los roles y responsabilidades de cada miembro del equipo durante el Kaizen Blitz.

- Asignar funciones específicas a cada participante basándose en sus habilidades y conocimientos.

Comunicación Efectiva:

- Establecer canales de comunicación claros para garantizar que cada miembro del equipo esté al tanto de sus responsabilidades.

- Fomentar la comunicación abierta y la retroalimentación constante para abordar problemas de manera proactiva.

Formación Continua:

- Proporcionar entrenamiento adicional si es necesario para garantizar que todos los miembros del equipo estén capacitados para desempeñar sus roles de manera efectiva.

- Promover la colaboración y la sinergia entre los diferentes roles para maximizar la eficiencia del equipo.

Consideración de Metodologías Ágiles:

Flexibilidad y Adaptabilidad:

- Adoptar principios de metodologías ágiles, como Scrum o Kanban, para aumentar la flexibilidad y adaptabilidad durante la ejecución del Kaizen Blitz.

- Permitir la reevaluación y ajuste continuo del plan en respuesta a cambios en las circunstancias o a nuevos descubrimientos durante el evento.

Iteraciones Rápidas:

• Dividir la ejecución del Kaizen Blitz en iteraciones rápidas, lo que permite evaluaciones frecuentes del progreso y la capacidad de realizar ajustes según sea necesario.

• Fomentar la retroalimentación regular del equipo para identificar oportunidades de mejora y optimización del proceso.

En conclusión, la ejecución exitosa de un Kaizen Blitz requiere un cronograma detallado que guíe todas las actividades planificadas, una asignación clara de responsabilidades para cada miembro del equipo y la consideración de metodologías ágiles para aumentar la flexibilidad y la capacidad de adaptación durante el evento. Este enfoque estructurado y ágil proporciona el marco necesario para lograr mejoras significativas en un corto período de tiempo.

Pasos de un Desarrollo de un Cronograma Detallado:

• Crear un plan detallado que incluya todas las actividades planificadas durante el evento.

- Asignar responsabilidades específicas a cada miembro del equipo.

- Considerar la utilización de metodologías ágiles para aumentar la flexibilidad.

Seguimiento del Progreso Durante el Evento:

- Implementar reuniones regulares de seguimiento para revisar el progreso.

- Utilizar tableros visuales y otras herramientas de gestión para mantener a todos informados sobre el estado actual.

- Ajustar el plan según sea necesario para abordar problemas inesperados.

Solución de Problemas y Toma de Decisiones Rápidas:

- Capacitar al equipo en técnicas de resolución de problemas, como el método A3.

- Fomentar un ambiente en el que se valoren las ideas y sugerencias de todos los miembros del equipo.

- Establecer un proceso claro para la toma de decisiones rápida y efectiva.

6. Evaluación y Medición:

Evaluación y Medición en Kaizen Blitz: Métodos para Evaluar el Éxito.

La evaluación y medición son elementos esenciales en el proceso de Kaizen Blitz para cuantificar el impacto de las mejoras implementadas y garantizar que se cumplan los objetivos establecidos. Aquí se exploran métodos específicos para medir el éxito del Kaizen Blitz de manera efectiva:

Utilizar KPIs predefinidos para evaluar el impacto de las mejoras:

Eficiencia Operativa:

- Utilizar KPIs relacionados con la eficiencia, como la reducción del tiempo de ciclo o la optimización del uso de recursos.

- Cuantificar mejoras en la productividad y eficacia operativa para evaluar directamente el rendimiento de los procesos.

Calidad del Producto o Servicio:

- Medir la calidad mediante KPIs específicos, como la reducción de defectos o la mejora en la satisfacción del cliente.
- Evaluar cómo las mejoras implementadas han impactado en la entrega de productos o servicios de mayor calidad.

Costos Operativos:

- Evaluar KPIs relacionados con los costos, como la disminución de desperdicios o la eficiencia en el uso de recursos.
- Analizar la rentabilidad y la eficacia financiera a través de indicadores clave.

Recopilar retroalimentación de los empleados y clientes para evaluar la percepción del cambio:

Encuestas de Satisfacción del Empleado:

- Obtener retroalimentación directa de los empleados sobre su experiencia durante y después del Kaizen Blitz.
- Evaluar la percepción del equipo sobre las mejoras implementadas y su contribución al proceso.

Retroalimentación del Cliente:

- Recopilar comentarios directos de los clientes sobre su experiencia con los productos o servicios mejorados.
- Identificar áreas de mejora adicionales según las expectativas y necesidades del cliente.

Participación Activa:

- Medir el nivel de participación y compromiso de los empleados durante el evento y en las fases posteriores.

- Considerar la retroalimentación cualitativa sobre la aceptación de los cambios propuestos y la disposición del equipo para abrazar la mejora continua.

Comparar los resultados actuales con los indicadores previos al evento:

Benchmarking Interno:

- Comparar los resultados actuales con los indicadores previos al Kaizen Blitz.

- Identificar áreas específicas donde se han logrado mejoras y cuantificar la magnitud del cambio.

Seguimiento de Indicadores Clave:

●   Establecer un sistema de seguimiento continuo para evaluar la sostenibilidad de las mejoras a lo largo del tiempo.

●   Comparar los KPIs antes, durante y después del evento para evaluar la evolución del rendimiento.

Análisis de Tendencias:

●   Evaluar las tendencias a lo largo del tiempo para comprender cómo las mejoras impactan en el rendimiento a largo plazo.

●   Identificar patrones que sugieran áreas que pueden requerir ajustes o enfoques adicionales.

La combinación de estos métodos proporciona una evaluación completa del éxito del Kaizen Blitz, abarcando tanto aspectos cuantitativos como cualitativos. Al medir de manera integral el rendimiento operativo, la percepción del equipo y la satisfacción del cliente, las organizaciones pueden obtener una visión completa de cómo las mejoras han contribuido a la eficacia global y al logro de los objetivos establecidos.

Métodos para Medir el Éxito del Kaizen Blitz:

- Utilizar KPIs predefinidos para evaluar el impacto de las mejoras.

- Recopilar retroalimentación de los empleados y clientes para evaluar la percepción del cambio.

- Comparar los resultados actuales con los indicadores previos al evento.

Evaluación de la Eficacia de las Mejoras Implementadas:

- Realizar evaluaciones regulares después del evento para medir la sostenibilidad de las mejoras.

- Ajustar y refinar las estrategias según sea necesario.

- Celebrar los éxitos y reconocer los esfuerzos del equipo para mantener la motivación y el compromiso a largo plazo.

7. Estudios de Caso:

Estudios de Caso: Análisis de Empresas que han Implementado Kaizen Blitz con Éxito

El Kaizen Blitz, como filosofía de mejora continua, ha demostrado ser una herramienta efectiva para transformar operaciones y optimizar procesos en diversas industrias. A continuación, se presentan estudios de caso que destacan ejemplos concretos de empresas que han implementado con éxito el Kaizen Blitz, logrando mejoras notables en su rendimiento y eficiencia operativa.

1. Toyota: Pioneros en Kaizen:

- Toyota es un referente clásico en la implementación exitosa de Kaizen Blitz. La compañía japonesa ha aplicado esta metodología de manera constante en sus procesos de fabricación, destacando la importancia de la mejora continua para mantener altos estándares de calidad y eficiencia.
- Logros Destacados:
- Reducción significativa de tiempos de ciclo.

- Mejora en la calidad del producto.

- Optimización de la cadena de suministro.

2. Wiremold (Legrand): Transformación a través de Kaizen Blitz:

- La empresa Wiremold, ahora parte de Legrand, experimentó una transformación radical al implementar Kaizen Blitz. Se centraron en la mejora de la eficiencia en la producción de sistemas de gestión de cables.

- Logros Destacados:

- Aumento considerable en la eficiencia de producción.

- Reducción de tiempos de cambio de máquina.

- Optimización de flujos de trabajo.

3. General Electric (GE): Kaizen para la Innovación:

- General Electric ha aplicado Kaizen Blitz no solo para optimizar procesos operativos, sino también para fomentar la innovación en su cultura empresarial.

- Logros Destacados:

- Mejora en la eficiencia operativa y reducción de costos.

- Fomento de la creatividad y la participación de los empleados.

- Respuesta ágil a cambios en el mercado.

4. Boeing: Elevando la Eficiencia con Kaizen Blitz:

- Boeing, en su enfoque aeroespacial, ha utilizado Kaizen Blitz para abordar desafíos específicos en la fabricación de aeronaves.

- Logros Destacados:

- Reducción de tiempos de ensamblaje.

- Mejora en la calidad y seguridad de la producción.

- Aumento de la eficiencia en la cadena de suministro.

5. Johnson Controls: Kaizen en la Gestión de Energía:

- Johnson Controls, líder en soluciones de gestión de energía, implementó Kaizen Blitz para mejorar la eficiencia en la producción de baterías y sistemas de almacenamiento de energía.

- Logros Destacados:

- Mayor eficiencia en la producción.

- Reducción de desperdicios y costos.

- Mejora en la calidad del producto.

Estos estudios de caso ilustran cómo empresas de diferentes sectores han logrado mejoras significativas mediante la aplicación estratégica de Kaizen Blitz. La clave del éxito radica en la adaptación de los principios de mejora continua a los desafíos específicos de cada organización, fomentando una cultura de innovación y eficiencia que se traduce en beneficios tangibles y sostenibles a lo largo del tiempo.

Análisis de casos reales de empresas que han implementado Kaizen Blitz con éxito:

Toyota:

- Explorar cómo Toyota, pionero en el sistema de producción Toyota, ha utilizado Kaizen Blitz para mejorar continuamente sus procesos de fabricación y mantener altos estándares de eficiencia.

General Electric (GE):

- Analizar cómo GE ha aplicado Kaizen Blitz para optimizar operaciones, reducir costos y mejorar la calidad en diversas áreas de su negocio, desde la fabricación hasta la cadena de suministro.

Wiremold (Legrand):

- Estudiar el caso de Wiremold, una empresa que implementó Kaizen Blitz para transformar radicalmente su proceso de producción, mejorando la productividad y la calidad del producto.

Lecciones aprendidas y mejores prácticas:

- Destacar la importancia de la participación activa de la alta dirección.

- Subrayar la necesidad de una comunicación efectiva y una cultura abierta a la mejora.

- Analizar cómo las empresas han abordado los desafíos y superado la resistencia al cambio.

- Identificar patrones comunes que han llevado al éxito en la implementación de Kaizen Blitz.

8. Integración Continua:

Integración Continua: Fomentando la Cultura de Kaizen en las Organizaciones

La verdadera esencia del Kaizen reside en su capacidad para transformar no solo los procesos, sino también la cultura organizacional. La integración continua de los principios de Kaizen implica la internalización de la mejora continua en el ADN de la empresa. A continuación, se destacan estrategias clave para lograr esta integración y fomentar una cultura de Kaizen a largo plazo:

1. Liderazgo Comprometido:

- El compromiso activo de la alta dirección es esencial. Los líderes deben liderar con el ejemplo al abrazar y promover la filosofía de Kaizen.

- Fomentar la participación directa de los líderes en eventos Kaizen y mostrar un interés continuo en la mejora de los procesos.

2. Formación Continua:

- Proporcionar formación continua a todos los niveles de la organización. La educación sobre los principios y prácticas de Kaizen debe ser un componente regular del desarrollo profesional.

- Implementar programas de capacitación que mantengan a los empleados actualizados sobre nuevas herramientas y enfoques de mejora continua.

3. Fomentar la Participación Activa:

- Incentivar la participación activa de los empleados en iniciativas de mejora continua. Establecer un sistema para recibir y reconocer ideas y sugerencias.

- Crear equipos de mejora multifuncionales que involucren a empleados de diferentes departamentos para abordar desafíos organizativos desde diversas perspectivas.

4. Integrar Kaizen en la Planificación Estratégica:

- Incorporar los principios de Kaizen en la planificación estratégica de la empresa. Establecer objetivos relacionados con la mejora continua y alinearlos con los objetivos generales.
- Evaluar regularmente cómo los esfuerzos de Kaizen contribuyen a la consecución de los objetivos estratégicos.

5. Ciclos de Mejora Regulares:

● Establecer un calendario regular para la realización de eventos Kaizen y ciclos de mejora. Mantener una estructura consistente para abordar de manera continua áreas de oportunidad.

● Proporcionar recursos y apoyo dedicados para la ejecución efectiva de cada evento Kaizen.

6. Fomentar la Innovación:

● Kaizen no solo implica mejorar lo existente, sino también innovar. Fomentar un ambiente que celebre nuevas ideas y enfoques.

● Establecer mecanismos para probar e implementar innovaciones de manera rápida y eficiente.

7. Establecimiento de Métricas Continuas:

● Definir métricas clave que permitan evaluar continuamente el rendimiento y la eficacia de los procesos.

● Implementar sistemas de retroalimentación y monitorización para ajustar las estrategias según sea necesario.

8. Cultura de Aprendizaje y Adaptabilidad:

- Fomentar una cultura que abrace el aprendizaje continuo y la adaptabilidad. Celebrar los éxitos, pero también aprender de los desafíos y fracasos.

- Promover una mentalidad de mejora constante en la que cada desafío se vea como una oportunidad para aprender y crecer.

La integración continua de los principios de Kaizen en la cultura organizacional no es un evento único, sino un proceso evolutivo. Al adoptar estos enfoques, las organizaciones pueden crear un entorno que respalde la mejora continua de manera sostenible, impulsando la innovación, la eficiencia y la resiliencia a lo largo del tiempo.

Resumen de cómo incorporar los principios de Kaizen de manera continua en la cultura organizacional:

- *Liderazgo Comprometido*:

Mostrar cómo el compromiso constante de la alta dirección es esencial para mantener una cultura de mejora continua.

Ejemplos de líderes que modelan el comportamiento Kaizen y fomentan la participación de todos los niveles.

Formación Continua:

• Destacar la importancia de proporcionar formación continua para empleados en todos los niveles de la organización.

• Cómo mantener a los empleados actualizados sobre nuevas herramientas y técnicas de mejora continua.

Estrategias para mantener y mejorar los resultados a lo largo del tiempo:

Establecimiento de Métricas Continuas:

• Definir KPIs que permitan evaluar de manera constante el rendimiento y la eficacia de los procesos.

• Implementar sistemas de retroalimentación para ajustar estrategias según sea necesario.

Ciclos de Mejora Regulares:

• Desarrollar una estructura para realizar ciclos regulares de Kaizen Blitz, incluso después del evento inicial.

• Ilustrar cómo las organizaciones exitosas han incorporado mejoras de manera continua durante largos períodos.

9. Recursos Adicionales:

Recursos Adicionales: Expandiendo el Conocimiento de Kaizen Blitz

La implementación exitosa de Kaizen Blitz no solo depende de la comprensión de sus principios fundamentales, sino también del acceso a recursos adicionales que enriquezcan el aprendizaje y faciliten la aplicación práctica. Aquí se presentan diversos recursos que pueden ser de gran utilidad para aquellos que buscan profundizar en el mundo de Kaizen Blitz:

Libros Recomendados:

The Kaizen Pocket Handbook de Kenneth W. Dailey: Una guía práctica y accesible que ofrece una visión detallada de los principios y prácticas de Kaizen.

Gemba Kaizen: A Commonsense Approach to a Continuous Improvement Strategy de Masaaki Imai: Un clásico que explora la filosofía de Kaizen y proporciona ejemplos de su aplicación en entornos empresariales reales.

Kaizen: The Key to Japan's Competitive Success de Masaaki Imai: Una obra que profundiza en cómo la filosofía Kaizen ha contribuido al éxito competitivo de Japón.

Artículos y Blogs Especializados:

Lean Enterprise Institute (LEI): El LEI ofrece una amplia gama de recursos, desde artículos hasta estudios de caso, que exploran la aplicación de principios lean, incluido Kaizen Blitz, en diversos contextos industriales.

Harvard Business Review (HBR): HBR proporciona artículos y casos de estudio que abordan la implementación exitosa de Kaizen en organizaciones líderes a nivel mundial.

Videos y Conferencias:

YouTube: Kaizen Training: Canales dedicados al entrenamiento en Kaizen ofrecen videos prácticos que abordan la aplicación de herramientas específicas y técnicas de mejora continua.

Conferencias de Lean & Kaizen: Asistir a conferencias especializadas brinda la oportunidad de aprender de expertos en Kaizen, compartir experiencias con profesionales de la industria y mantenerse actualizado sobre las últimas tendencias.

Herramientas y Software:

Trello y Asana: Herramientas de gestión de proyectos que pueden ser adaptadas para planificar y ejecutar eventos Kaizen, así como para el seguimiento de mejoras continuas.

Lean Six Sigma Software: Plataformas especializadas que facilitan la aplicación de metodologías Lean y Six Sigma, incluidas herramientas relacionadas con Kaizen.

Cursos y Certificaciones:

Lean Six Sigma Institute (LSSI): Ofrece cursos en línea y certificaciones que abarcan temas relacionados con Lean y Six Sigma, proporcionando una comprensión profunda de Kaizen.

Organizaciones de Formación Continua: Muchas instituciones y consultoras ofrecen programas de formación específicos en Kaizen Blitz, que van desde cursos básicos hasta capacitaciones avanzadas.

Estos recursos adicionales son herramientas valiosas para quienes buscan expandir su conocimiento sobre Kaizen Blitz y llevar la mejora continua a nuevos niveles. Al aprovechar esta variedad de materiales, se puede nutrir la comprensión teórica y ampliar la base de recursos prácticos para la aplicación efectiva de Kaizen en diversos contextos empresariales.

Otros Libros, artículos, videos y otros recursos recomendados:

Libros:

- "Kaizen: The Key to Japan's Competitive Success" de Masaaki Imai.
- "The Toyota Way" de Jeffrey K. Liker.

Artículos y Documentación:

- Proporcionar enlaces a artículos académicos y casos de estudio relevantes.
- Recomendar documentos que expliquen conceptos clave y estudios de aplicación exitosa.

Herramientas y software que pueden facilitar la implementación de Kaizen Blitz:

Herramientas 5S:

- Identificar software que facilite la implementación de las cinco fases del 5S.

Plataformas de Gestión de Proyectos:

- Recomendar herramientas que permitan la planificación y seguimiento eficiente de proyectos Kaizen Blitz.

10. Actividades Prácticas:

Actividades Prácticas: Aplicando los Conceptos de Kaizen en la Práctica

La integración efectiva de los principios de Kaizen no solo se logra a través de la teoría, sino mediante la aplicación práctica de estos conceptos en situaciones del mundo real. Las actividades prácticas son fundamentales para consolidar el aprendizaje y proporcionar a los participantes las habilidades y la confianza necesarias para implementar Kaizen de manera efectiva en sus entornos de trabajo. Aquí se presentan ejercicios y actividades prácticas que facilitan la aplicación de los conceptos aprendidos:

1. Gemba Walk:

- Descripción:

- Invitar a los participantes a realizar un Gemba Walk, una práctica que implica ir al lugar de trabajo real para observar y comprender los procesos.

- Objetivos:

- Observar directamente los procesos en acción.

- Identificar áreas de oportunidad y posibles mejoras.

- Fomentar la conexión directa entre los participantes y los entornos de trabajo.

2. Mapa de Procesos en Tiempo Real:

- Descripción:

- Guiar a los participantes en la creación de un mapa de procesos en tiempo real para un proceso específico dentro de la organización.

- Objetivos:

- Identificar pasos críticos y posibles ineficiencias.

- Facilitar la comprensión visual de los flujos de trabajo.

- Establecer la base para mejoras inmediatas.

3. Sesiones Kaizen Rápidas:

- Descripción:

- Facilitar sesiones Kaizen rápidas centradas en la resolución de problemas específicos identificados durante el Gemba Walk o en el análisis de procesos.

- Objetivos:

- Desarrollar soluciones prácticas y aplicables de manera inmediata.

- Fomentar la toma de decisiones ágil y colaborativa.

- Experimentar con la implementación de mejoras en tiempo real.

4. Simulaciones de Flujo de Valor:

- Descripción:

- Organizar simulaciones prácticas de flujo de valor que representen procesos específicos dentro de la organización.

- Objetivos:

- Identificar cuellos de botella y oportunidades de mejora.

- Experimentar con la aplicación de principios Kaizen en un entorno simulado.

- Reforzar la comprensión de los conceptos teóricos a través de la práctica.

5. Mejora de 5S en el Lugar de Trabajo:

- Descripción:

- Guiar a los participantes en la implementación práctica de los principios 5S (clasificación, orden, limpieza, estandarización y disciplina) en un área de trabajo específica.

Objetivos:

- Experimentar con la organización y mejora del espacio de trabajo.

- Comprender la importancia de la disciplina y la estandarización.

- Aplicar los principios 5S de manera tangible.

6. Análisis FODA en Equipos:

- Descripción:

- Facilitar sesiones de análisis FODA en equipos, donde los participantes identifican fortalezas, oportunidades, debilidades y amenazas en sus áreas de responsabilidad.

- Objetivos:

- Fomentar la reflexión estratégica y el pensamiento crítico.

- Desarrollar planes de acción basados en el análisis FODA.

- Integrar la planificación continua en la cultura de equipo.

Estas actividades prácticas están diseñadas para ser experiencias inmersivas que conectan los conceptos teóricos de Kaizen con la realidad operativa de la organización. Al proporcionar a los participantes la oportunidad de aplicar directamente los principios de Kaizen, se

fortalece su comprensión y habilidades, allanando el camino para la implementación efectiva de mejoras continuas en sus respectivos entornos laborales.

Ejercicios y actividades prácticas para que los participantes apliquen los conceptos aprendidos:

Simulaciones de Kaizen Blitz:

- Desarrollar actividades prácticas que simulen situaciones del mundo real para que los participantes practiquen la aplicación de Kaizen Blitz.

Estudios de Caso Interactivos:

- Crear estudios de caso interactivos que permitan a los participantes analizar y resolver problemas utilizando los principios de Kaizen.

11. Evaluación y Retroalimentación:

Evaluación del desempeño de los participantes:

Indicadores de Participación:

- Medir la participación activa de los participantes durante las actividades prácticas y discusiones en clase.

Proyectos Individuales o en Grupo:

- Evaluar proyectos individuales o grupales que los participantes hayan desarrollado durante el curso.

Recolección de retroalimentación para mejorar futuras ediciones del curso:

Encuestas de Satisfacción:

- Solicitar a los participantes que completen encuestas al final del curso para evaluar la efectividad y la utilidad de los contenidos.

Sesiones de Retroalimentación:

- Realizar sesiones de retroalimentación en grupo para recopilar comentarios abiertos sobre aspectos específicos del curso y posibles mejoras.

Al integrar estos elementos, se crea un curso completo y práctico que no solo transmite conocimientos teóricos, sino que también brinda a los participantes la oportunidad de aplicar activamente los principios de Kaizen Blitz.

Evaluación y Retroalimentación: Evaluación del Desempeño de los Participantes en el Curso de Kaizen Blitz

La evaluación del desempeño de los participantes en un curso de Kaizen Blitz es esencial para medir la efectividad del programa y asegurar que los conceptos y habilidades impartidos se internalicen de manera adecuada. Aquí se describen estrategias y enfoques para llevar a cabo una evaluación integral y significativa del rendimiento de los participantes:

1. Pruebas de Conocimientos:

- Descripción:

- Realizar pruebas que evalúen la comprensión teórica de los participantes sobre los principios de Kaizen, las herramientas específicas utilizadas y los conceptos clave.

- Objetivos:

- Medir el nivel de conocimiento adquirido durante el curso.

- Identificar áreas específicas que puedan requerir una revisión adicional.

- Evaluar la asimilación de la teoría de Kaizen.

2. Participación Activa en Actividades Prácticas:

- Descripción:

- Evaluar la participación activa de los participantes en ejercicios y actividades prácticas diseñadas para aplicar los conceptos de Kaizen en situaciones del mundo real.

- Objetivos:

- Medir la capacidad de los participantes para aplicar los principios de Kaizen en la práctica.

- Evaluar la comprensión de las herramientas y técnicas mediante su aplicación.

- Identificar el nivel de compromiso y participación en actividades prácticas.

3. Proyectos o Estudios de Caso Individuales o en Grupo:

- Descripción:

- Asignar proyectos individuales o en grupo que requieran la aplicación de los conceptos de Kaizen para abordar problemas o mejorar procesos específicos.

- Objetivos:

- Evaluar la capacidad de los participantes para aplicar el Kaizen de manera independiente.

Medir la capacidad de análisis y resolución de problemas.

- Identificar la creatividad y eficacia en la implementación de mejoras.

4. Evaluación Continua durante Eventos Kaizen:

- Descripción:

- Realizar evaluaciones en tiempo real durante la ejecución de eventos Kaizen, observando la participación, el liderazgo y la colaboración de los participantes.

- Objetivos:

- Evaluar la capacidad de trabajar en equipo durante iniciativas de mejora.

- Medir la adaptabilidad y toma de decisiones ágil.

- Identificar áreas de mejora en tiempo real.

5. Evaluación por Pares y Autoevaluación:

- Descripción:

- Incorporar la evaluación por pares y la autoevaluación como componentes del proceso de evaluación.

- Objetivos:

- Fomentar la retroalimentación entre compañeros para obtener perspectivas diversas.

- Permitir a los participantes reflexionar sobre su propio desempeño.

- Promover la cultura de aprendizaje colaborativo.

6. Evaluación de Proyectos Kaizen Implementados:

- Descripción:

- Evaluar el impacto de los proyectos Kaizen implementados por los participantes en términos de mejora de procesos, eficiencia y calidad.

- Objetivos:

- Medir el éxito de las mejoras implementadas en situaciones reales.

- Evaluar la aplicación efectiva de los principios de Kaizen en el entorno de trabajo.

- Identificar lecciones aprendidas y áreas para futuras mejoras.

7. Encuestas de Satisfacción:

- Descripción:

- Administrar encuestas de satisfacción para obtener retroalimentación directa de los participantes sobre la utilidad del curso, la calidad de la enseñanza y la relevancia de los contenidos.

- Objetivos:

- Evaluar la percepción general del curso por parte de los participantes.

- Identificar aspectos que hayan sido especialmente útiles o que requieran mejora.

- Obtener información para ajustar futuras ediciones del curso.

La evaluación del desempeño de los participantes en un curso de Kaizen Blitz no solo es un proceso de medición, sino una herramienta valiosa para garantizar que los principios de mejora continua se internalicen y se traduzcan en acciones efectivas en el entorno laboral. Al combinar evaluaciones teóricas, prácticas y basadas en proyectos, se obtiene una visión completa del progreso de los participantes y se establece una base sólida para la implementación exit

www.ingramcontent.com/pod-product-compliance
Lightning Source LLC
Chambersburg PA
CBHW071106260726
48661CB00006B/2498